Matthias Wendrich

Algorithmus zum Vergleich des Gangbildes mittels Motion Capture

AF135584

Matthias Wendrich

Algorithmus zum Vergleich des Gangbildes mittels Motion Capture

Entwicklung und beispielhafte Auswertung

Reihe Realwissenschaften

Impressum / Imprint

Bibliografische Information der Deutschen Nationalbibliothek: Die Deutsche Nationalbibliothek verzeichnet diese Publikation in der Deutschen Nationalbibliografie; detaillierte bibliografische Daten sind im Internet über http://dnb.d-nb.de abrufbar.
Alle in diesem Buch genannten Marken und Produktnamen unterliegen warenzeichen-, marken- oder patentrechtlichem Schutz bzw. sind Warenzeichen oder eingetragene Warenzeichen der jeweiligen Inhaber. Die Wiedergabe von Marken, Produktnamen, Gebrauchsnamen, Handelsnamen, Warenbezeichnungen u.s.w. in diesem Werk berechtigt auch ohne besondere Kennzeichnung nicht zu der Annahme, dass solche Namen im Sinne der Warenzeichen- und Markenschutzgesetzgebung als frei zu betrachten wären und daher von jedermann benutzt werden dürften.

Bibliographic information published by the Deutsche Nationalbibliothek: The Deutsche Nationalbibliothek lists this publication in the Deutsche Nationalbibliografie; detailed bibliographic data are available in the Internet at http://dnb.d-nb.de.
Any brand names and product names mentioned in this book are subject to trademark, brand or patent protection and are trademarks or registered trademarks of their respective holders. The use of brand names, product names, common names, trade names, product descriptions etc. even without a particular marking in this work is in no way to be construed to mean that such names may be regarded as unrestricted in respect of trademark and brand protection legislation and could thus be used by anyone.

Coverbild / Cover image: www.ingimage.com

Verlag / Publisher:
AV Akademikerverlag
ist ein Imprint der / is a trademark of
OmniScriptum GmbH & Co. KG
Heinrich-Böcking-Str. 6-8, 66121 Saarbrücken, Deutschland / Germany
Email: info@akademikerverlag.de

Herstellung: siehe letzte Seite /
Printed at: see last page
ISBN: 978-3-639-85364-3

Inhaltsverzeichnis

1. Einleitung

Was für viele Menschen selbstverständlich ist, ist wissenschaftlich betrachtet ein höchst komplexer Vorgang des menschlichen Körpers. Das Erlernen des aufrechten Ganges stellt einen Meilenstein in jedem Leben eines Menschen dar und benötigt Monate. Während des Gehens ist die Ausführung jeder Bewegung geprägt von einer Vielzahl von inneren und äußeren Einflüssen, welche dafür sorgen, dass jedes Gangbild individuell ist und jeweils unterschiedliche Ausprägungen besitzt.

In der instrumentellen Bewegungsanalyse wird der Gang eines Patienten im Ganglabor mittels eines Bewegungs-Erfassungs-Verfahren (Motion Capture) aufgezeichnet und ausgewertet, damit der Arzt eine Diagnose zum Krankheitsbild des Patienten machen kann. Dabei sind die Ganglabore jedoch unterschiedlich mit Gangstrecke und Laufband ausgestattet. Mit einer Änderung der Umgebung ändert sich ebenso das Gangbild. Ein direkter Vergleich des Gangbildes von Gangstrecke und Laufband ist dabei bisher noch nicht ausreichend untersucht.

Im Rahmen dieser Arbeit werden insgesamt zwei Algorithmen entwickelt, die den direkten Vergleich des Gangbildes zwischen Gangstrecke und Laufband, beispielhaft anhand von Gangparametern, mittels Motion Capture ermöglichen. Der erste Algorithmus dient dabei zur Optimierung des Messablaufs und ermittelt innerhalb einer insgesamt kürzeren Zeitspanne für mehrere Probanden, aus einzelnen Messungen auf der Gangstrecke, die mittlere Ganggeschwindigkeit. Dieser Algorithmus ermöglicht es, die Probanden mit der selben Geschwindigkeit auf dem Laufband gehen zu lassen wie auf der Gangstrecke. Die eigentliche Problematik ist, dass eine Fortbewegung auf dem Laufband mit dem Motion-Capture-Verfahren nicht als solche erkannt wird (Abbildung 1). Daher rechnet der zweite Algorithmus sämtliche Markertrajektorien vom Laufband in die auf der Gangstrecke um, sodass die Gangparameter ausgewertet und miteinander verglichen werden können. Für die Auswertung werden die Gangparameter sämtlicher Messungen eines, vom Lehrstuhl für Mechanik und Robotik zur Verfügung gestellten, Kollektivs beispielhaft bestimmt und miteinander verglichen.

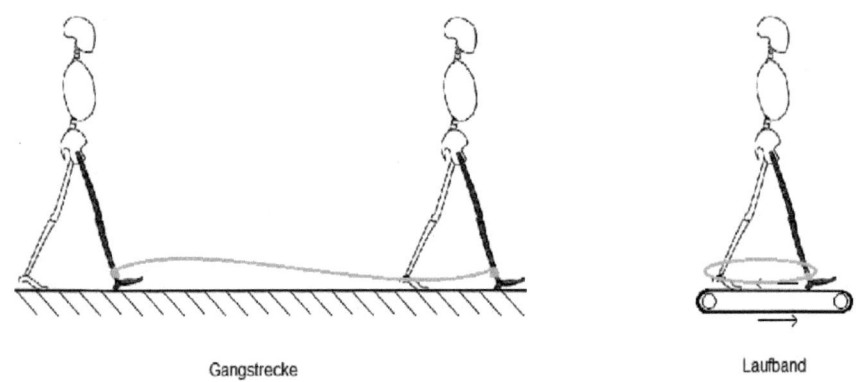

Gangstrecke   Laufband

Abbildung 1: Vergleich Markertrajektorie Gangstrecke/Laufband (modifiziert nach [1])

Zum besseren Verständnis der Problematik zeigt Abbildung 1 die beispielhafte Markertrajektorie eines Fußmarkers auf der Gangstrecke (Links) und auf dem Laufband (rechts). Da der Proband sich auf dem Laufband räumlich betrachtet nicht von der Stelle bewegt, werden sämtliche Bewegungen der Marker vom Motion-Capture-Verfahren nicht als Gang, sondern als eine elliptische Bewegung, wahrgenommen, welches zur fehlerhaften Auswertung führt.

Diese Arbeit ist wie folgt untergliedert. Zunächst erfolgt eine Übersicht vom aktuellen Stand der Technik und den medizinischen Grundlagen (Kapitel 2). Im darauf folgenden Kapitel werden die Anforderungen an die beiden

2

Algorithmen ausführlich beschrieben. In Kapitel 4 werden die Lösungskonzepte der Algorithmen und deren beispielhafte Realisierung vorgestellt, sowie deren Validierung. Zur Anwendung außerhalb der zur Entwicklung verwendeten Software („MATLAB") ist eine Kapselung vorgesehen. Anschließend erfolgt der Vergleich der Gangparameter und deren Auswertung in Kapitel 5. Abschließend erfolgt eine Zusammenfassung der Arbeit und ein Ausblick auf weitere, mögliche Forschungsarbeiten (Kapitel 6).

2. Stand des Wissens

Im Stand des Wissens werden zunächst die Grundlagen des aufrechten Ganges veranschaulicht. Anschließend gibt dieses Kapitel einen Überblick über die Messeinrichtung und dem Messablauf. Des Weiteren wird in diesem Kapitel der Unterschied zwischen dem freien Gang und dem Gang auf einem Laufband verdeutlicht.

2.1 Medizinische Grundlagen

Innerhalb dieses Kapitels werden die medizinischen Grundlagen des aufrechten Ganges, sowie dessen Bewegungsablauf dargestellt. In einem weiteren Unterkapitel werden die, für diese Arbeit notwendigen, Gangparameter beschrieben.

2.1.1 Der aufrechte Gang

Der aufrechte Gang ist die grundlegendste Bewegungsform des Menschen. „Beim Gehen wird der Körper durch ein sich wiederholendes Bewegungsmuster der (unteren) Extremitäten vorwärts bewegt, und gleichzeitig wird Standfestigkeit bewahrt" [1].

Der menschliche Bewegungsapparat ist in zwei funktionelle Einheiten unterteilt. Die Antriebseinheit besteht aus den unteren Extremitäten und dem Becken und sorgt für den erforderlichen Vortrieb [1]. Eine weitere Aufgabe der Antriebseinheit ist die Gewährleistung der Stabilität des Körpers, wobei immer mindestens ein Fuß Bodenkontakt hat. Die Passagiereinheit besteht aus den verbliebenen Körperteilen und trägt unterstützend zur Stabilität und dem Vortrieb bei (z. B.: Ausbalancieren durch Schwingen der Arme) [1].

Gehen ist ein rhythmischer und zyklischer Vorgang, bestehend aus sich

4

wiederholenden Bewegungen. Ein Gangzyklus ist definiert als „Intervall zwischen zwei initialen Bodenkontakten des selben Fußes" [1]. Jedes der Beine durchläuft dabei phasenverschoben eine Standphase und eine Schwungphase. Die Standphase sorgt dabei für die nötige Stabilität und Aufnahme der Körperlast, während in der Schwungphase durch Vorschwingen des Beines und Abrollen über den Standfuß der Vortrieb generiert wird [1],[2].

2.1.2 Gangparameter

An dieser Stelle werden sämtliche Gangparameter erklärt, welche in der späteren Auswertung betrachtet werden.

Die Zyklusdauer (*Stride Time*) entspricht der Zeit, die zwischen zwei aufeinander folgenden Foot Strikes (Aufsetzen der Ferse) vergeht. Die Zykluslänge (*Stride Length*) entspricht dann dem kürzesten Abstand der Foot Strikes, bezogen auf den TOE-Marker (Fußmarker, siehe Abbildung 2.2.1).

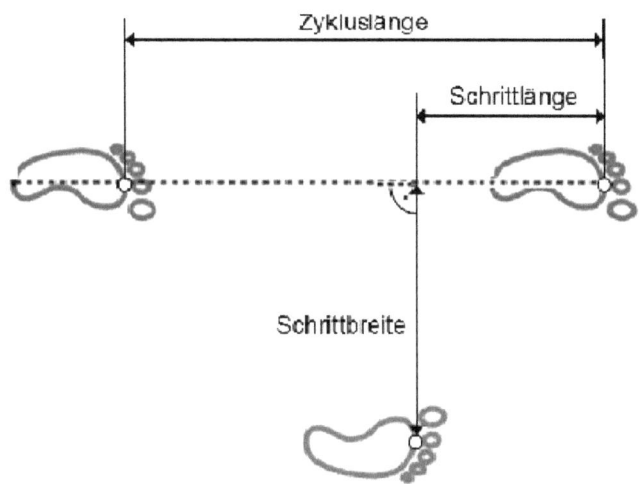

Abbildung 2.1.2: Schrittbreite, Schrittlänge, Zykluslänge (modifiziert nach [1])

5

Abbildung 2.1.2 dient zur Veranschaulichung der Schrittbreite (*Step Width*) und der Schrittlänge (*Step Length*). Zur Bestimmung beider Gangparameter wird eine Hilfslinie zwischen zwei aufeinander folgenden Foot Strikes des Referenzbeines (durch die TOE-Marker) gezogen. Senkrecht zu dieser Hilfslinie wird eine weitere Hilfslinie durch den TOE-Marker des Gegenbeines gezogen. Die Schrittbreite entspricht dem kürzesten Abstand des Gegenbeines zur ersten Hilfslinie. Die Schrittlänge ist die Entfernung vom Schnittpunkt beider Hilfslinien zum TOE-Marker des darauf folgendem Foot Strike. Die Schrittdauer (*Step Time*) entspricht der Zeit zwischen dem Foot Strike des Gegenbeines und dem nachfolgendem Foot Strike des Referenzbeines.

Die Schrittfrequenz (*Cadence*) entspricht der Anzahl der Schritte pro Minute. Die Ganggeschwindigkeit (*Walking Speed*) ist der in einer bestimmten Zeit zurückgelegte Weg .

Die Einzelunterstützung (*Single Support*) gibt den Zeitanteil, bezogen auf den Gangzyklus, an, in der das gesamte Körpergewicht von einem Bein getragen wird. Die Doppelunterstützung (*Double Support*) ist dementsprechend der Zeitanteil eines Gangzykluses bei dem das Körpergewicht von beiden Beinen getragen wird. Der *Limpindex* ist ein von „Vicon entwickelter Parameter, der ein Maß für die Symmetrie des menschlichen Ganges darstellt" [1]. Bei einem perfekt symmetrischen Gang ist der Limpindex auf beiden Seiten gleich 1. Hat eine Seite einen Limpindex größer als 1, bedeutet das, dass diese Seite mehr beansprucht wird.

Opposite Foot Off beschreibt den Zeitpunkt des Zehenablösens des Gegenbeines vom Boden, bezogen auf den Gangzyklus. *Opposite Foot Contact* beschreibt den Zeitpunkt, bei dem das Gegenbein wieder auf dem

Boden aufsetzt. Zur Normierung ist dieser Parameter ebenfalls auf den Gangzyklus bezogen. *Foot Off* gibt den Zeitpunkt bezogen auf den Gangzyklus an, bei dem sich das Referenzbein nach dem Foot Strike vollständig vom Boden gelöst hat.

2.2 Ganglabor

Dieses Kapitel befasst sich mit dem Ganglabor und dem groben Messablauf, sowie dessen Datenverarbeitung. Dem Laufband und der Gangstrecke sind ein eigenes Kapitel gewidmet.

2.2.1 Motion Capture

In diesem Kapitel werden die Messeinrichtung und der Ablauf grob vorgestellt, welche die Bewegungserfassung (engl.: Motion Capture) der Probanden ermöglicht. Zur instrumentellen Ganganalyse wird am Lehrstuhl dafür ein System der Firma Vicon verwendet.

Das Ganglabor ist mit einer 10m - langen Gangstrecke und einem Laufband (Typ: h/p/cosmos quaser med) ausgestattet. Die, für diese Arbeit relevante, Messeinrichtung besteht aus 10 Kameras (MX13 NIR), die im Raum verteilt sind. Auch nicht zu vernachlässigen sind die Komponenten zur Zusammenführung und Verarbeitung der Daten (siehe Kapitel 2.2.2).

Zu Beginn jeder Messreihe müssen das System kalibriert und die anthropometrischen Daten des Probanden erfasst werden, welche für die spätere Datenverarbeitung zwingend notwendig sind. Neben anderen anthropometrischen Daten müssen Körpergröße und -gewicht, die Länge der Beine und die Breite aller zu modellierender Gelenke erfasst werden [7]. Anschließend werden am Körper des Probanden an anatomisch festgelegten

Punkten reflektierende Marker angebracht (siehe Abbildung 2.2.1), welche von den zehn Kameras erfasst werden. Dazu senden die Kameras Stroboskoplicht aus einer ringförmigen Lichtquelle um der Linse herum. Die Oberfläche der Marker ist so beschaffen, dass einfallendes Licht zu seinem Ursprung der Entstehung zurück geworfen wird (passiv reflektierende Marker). Die räumlich verteilten Kameras fangen dieses Licht auf und die Position der Marker kann durch die Position der Kameras und der Bilddaten trianguliert werden. Die Frequenz der Kameras ist dabei abhängig von der Schnelligkeit der zu messenden Bewegung und kann bis auf 484 Hz erhöht werden. Im Rahmen dieser Arbeit wurden die Kameras mit 100 Hz betrieben. Das heißt, dass pro Sekunde 100 Bildaufnahmen (engl.: Frames) gemacht wurden. Jeder dynamischen Messreihe geht eine Messung im Stand (Statische Messung) voraus. Für die Datenverarbeitung werden die anthropometrischen Daten und die eben genannten Daten der Kameras an ein mathematisches Modell (Plugin-Gait Modell) übergeben (mehr dazu in Kapitel 2.2.2).

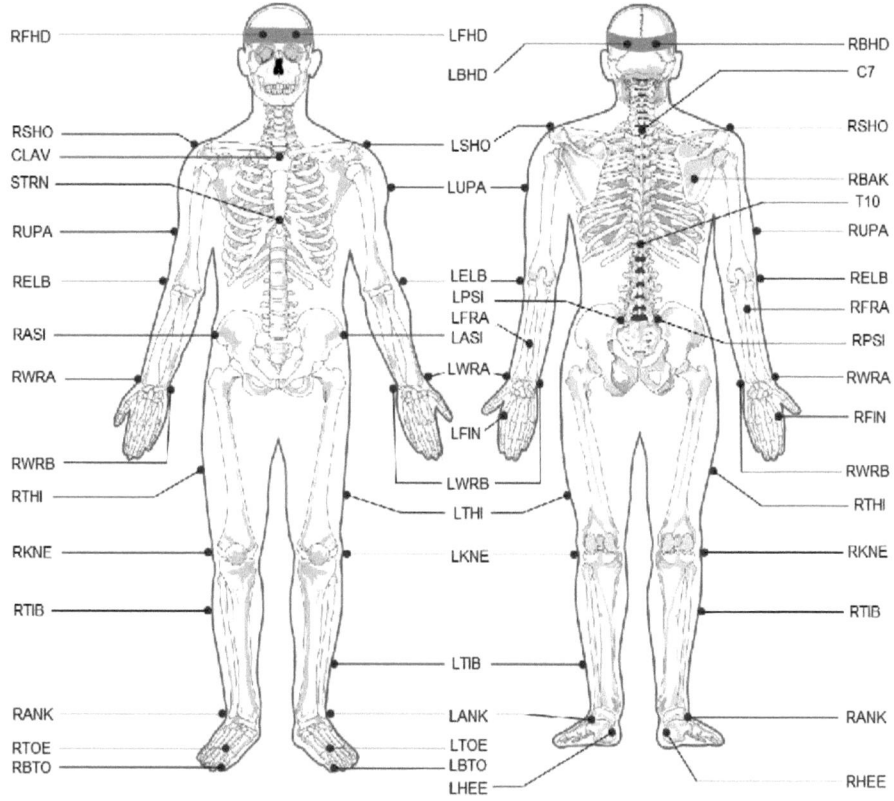

Abbildung 2.2.1: Markerpositionen [LMR]

Abbildung 2.2.1 zeigt die Positionen der anzubringenden Marker. Links ist die Vorderansicht und rechts die Rückansicht zu sehen. Für weitere Informationen bezüglich Lagebeschreibung und Bedeutung der einzelnen Marker wird auf [7] verwiesen.

2.2.2 Datenverarbeitung

Nach der Beschreibung der Messeinrichtung und des groben Mess-ablaufs folgt nun eine Übersicht der Datenverarbeitung (Abbildung 2.2.2), welche auf das Wesentlichste beschränkt wird, da der Messablauf und die

Datenprozessierung für diese Arbeit von weniger Bedeutung sind. Wichtig zum Verständnis der folgenden Kapitel ist lediglich das Endprodukt, die c3d-Datei.

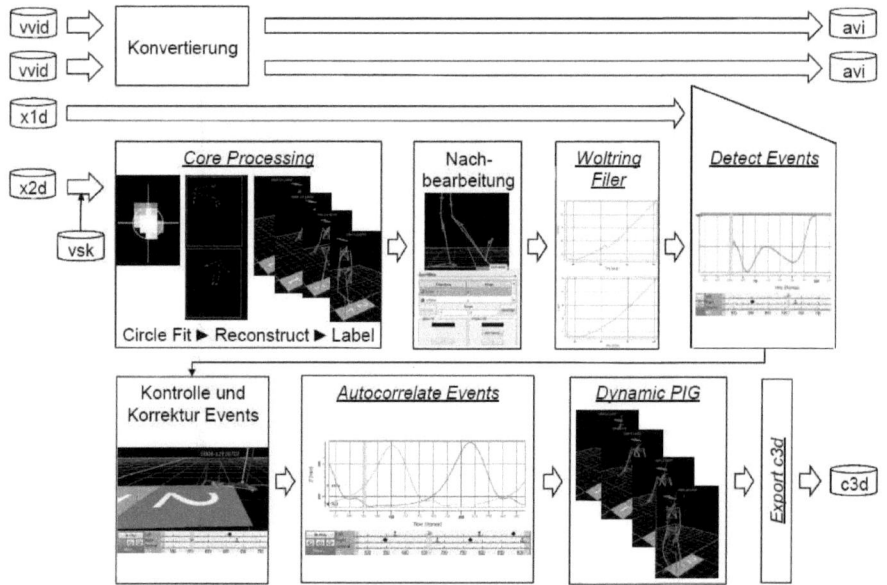

Abbildung 2.2.2: Prozessierung einer dynamischen Messung [LMR]

Zunächst muss bei einer Messung im Stand ein statisches Modell des Körpers modelliert werden. Die Videodaten der Kameras bestehen ausschließlich aus den Markern, dargestellt in unterschiedlichen Graustufen. Die Software Vicon Nexus enthält einen Algorithmus, welcher aus den unterschiedlichen Graustufen die genauen 2D-Koordinaten der einzelnen Marker bestimmt (Circle Fit). Zusammen mit der Position der Kameras und den anderen Aufnahmen werden die Positionen der Marker im Raum berechnet (Reconstruct). Diese Punktewolke wird zusammen mit den anthropometrischen Daten an das mathematische Modell (Plugin-Gait Modell) übergeben und ein virtuelles Skelett erzeugt. Die Namen der Marker werden anschließend manuell den virtuellen Markern zugewiesen (Labeln).

Mit Hilfe dieses statischen Modells können die dynamischen Messungen halbautomatisch verarbeitet werden. Nach einer Nachbearbeitung der dynamischen Messung (Zuschneiden, Re-Labeln, „Ghost-Marker" entfernen) werden eventuelle Lücken in den Markertrajektorien geschlossen (Gap-Filling) und die Kurven geglättet (Woltring Filter). Zusammen mit den Daten der Bodenreaktionskräfte (Kraftmessplatte) werden jeweils das erste Aufsetzen (Foot Strike) und Abheben (Foot Off) der Füße pro Seite bestimmt (Detect Events), kontrolliert und alle nachfolgenden Events bestimmt (Autocorrelate Events). Zum Schluss erfolgt eine Berechnung der Kinetik und Kinematik für jeden Frame (Dynamic PIG). Alle gemessenen und berechneten Daten, mit Ausnahme der Videodaten, werden in einer einzelnen Datei, der c3d-Datei, ausgegeben.

Die c3d-Datei (Coordinate 3D) ist ein Datenformat, welches speziell für die Datenverarbeitung von Gang- und Bewegungsanalysen entwickelt wurde. Mit Hilfe des c3d-Formates ist es möglich, sämtliche Daten, wie beispielsweise die Markertrajektorien, Parameter zur Berechnung oder Informationen zum Probanden in einer einzelnen Datei strukturiert abzuspeichern. Die Struktur der c3d-Datei ähnelt der eines Strukturbaumes. Die Daten werden in unterschiedliche Kategorien aufgeteilt und immer weiter spezifiziert. Die c3d-Datei dient als Schnittstelle zwischen dem Bewegungslabor und anderen Programmen zur Datenanalyse und kann von diesen (wie z.B. MATLAB) verwendet werden, sofern die entsprechende Software installiert ist. Für weitere Informationen siehe [www.c3dserver.com].

2.3 Vergleich Gangstrecke/Laufband

Zur Untersuchung des Gangbildes gehören eine Gangstrecke und ein Laufband zur Ausstattung des Ganglabors, welche bei der Auswertung entscheidende Unterschiede besitzen. Daher ist dieses Kapitel hauptsächlich den Unterschieden zwischen Laufband und Gangstrecke gewidmet.

Die Bewegungsanalyse auf dem Laufband hat in der Praxis, außer dem stark eingeschränktem Platzbedarf, entscheidende Vorteile. Das Laufband bietet beispielsweise eine unendliche Laufstrecke und ermöglicht dadurch eine theoretisch unbegrenzte Aufnahmemöglichkeit. Durch die unbegrenzte Aufnahmemöglichkeit lässt sich der gesamte Verlauf eines Probanden untersuchen, was besonders für Schmerzpatienten, aufgrund der potenzierenden Veränderungen im Gehverhalten in einer „Stresssituation", von Vorteil ist [4]. Ein weiterer Vorteil ist, dass sich äußere Einflüsse wie Steigungen oder Stolpersituationen auf dem Laufband analysieren lassen [8]. Nachteilig in der Praxis erweist sich hingegen, dass eine Mehrzahl der Patienten auf das Gehen auf dem Laufband vorbereitet werden müssen [4]. Dies gilt insbesondere für ängstliche Patienten oder Personen mit vegetativen Hyperreaktionen (Überreaktion der Vitalfunktionen (Herzschlag, Atmung, Blutdruck, etc.)). Auch werden Geschwindigkeiten „auf dem Laufband ca. 0,5 - 1,0 km/h schneller empfunden" [4]. Ebenso nachteilig ist, dass sich der Gang auf dem Laufband ändert. Eine frühere Arbeit belegt, dass die kinematischen Parameter (Schrittfrequenz, Schrittlänge und relative Schrittlänge) signifikant von den Parametern auf der Gangstrecke abweichen [4].

3. Anforderungen

Das Lösungskonzept zur Umrechnung der Markertrajektorien besteht aus zwei Algorithmen. In diesem Kapitel werden die Anforderungen an diese formuliert, welche zum Vergleich der Gangparameter zwischen der Gangstrecke und dem Laufband benötigt werden. Zunächst wird in jedem Unterkapitel erläutert, welches Ziel der jeweilige Algorithmus in der praktischen Anwendung haben soll. Im Anschluss erfolgt eine Übersicht aller Gesichtspunkte, die bei der Ausarbeitung der Algorithmen beachtet werden müssen.

3.1 Geschwindigkeitsbestimmung auf der Gangstrecke

Die bisherige Bestimmung der Ganggeschwindigkeit ist sehr zeitintensiv. Jede Messung wird prozessiert und ausgewertet (Vicon Nexus) und mit Hilfe einer Bewegungs-Analyse-Software (Vicon Polygon) werden Berichte generiert, welche neben der Ganggeschwindigkeit auch die Gangparameter enthalten. Ziel dieses Algorithmus ist es, schnell und einfach, jedoch auch so genau wie möglich, die Geschwindigkeit eines Probanden auf der Gangstrecke zu ermitteln. Aus ein bis drei Ganggeschwindigkeiten wird anschließend der Mittelwert zum Einstellen der Laufbandgeschwindigkeit gebildet.

Damit die Berechnung der Ganggeschwindigkeit schnell und präzise ausfällt, hat der entwickelte Algorithmus wenig Rechenaufwand und die Anzahl der zu verwendenden Marker fällt möglichst gering aus. Auch fällt die Wahl des Markers so aus, sodass die Ganggeschwindigkeit möglichst kleinen Schwankungen unterliegt, welche durch Ausbalancieren mit dem Oberkörper entstehen. Um diese Schwankungen möglichst gering zu halten, muss der verwendete Marker deshalb eine möglichst kleine Relativbewegung zum

Körperschwerpunkt haben und auf der Medianebene liegen. Die Medianebene „teilt der Körper genau in eine rechte und linke Hälfte"[9]. Zur weiteren Zeitersparnis ist der Algorithmus außerdem auch bei unbearbeiteten c3d-Dateien anwendbar, dessen Bearbeitung (Gap-Filling, Woltring-Filter,…) viel Zeit beanspruchen würde.

3.2 Umrechnung der Markertrajektorien

Räumlich betrachtet bewegt sich der Proband nicht von der Stelle (Abbildung 1), während er sich auf dem Laufband bewegt. Damit die Daten vom Laufband mittels Motion Capture ausgewertet werden können, müssen die Markertrajektorien vom Laufband so umgerechnet werden, als würde der Proband durch den Raum, und nicht auf der Stelle, gehen. Aufgabe dieses Algorithmus ist es also, sämtliche Markertrajektorien nach Eingabe der Laufbandgeschwindigkeit (Ergebnis des ersten Algorithmus) von einer Bewegung auf dem Laufband in eine Bewegung auf der Gangstrecke umzurechnen. Ist die Laufbandgeschwindigkeit unbekannt, soll die Laufbandgeschwindigkeit zunächst aus den vorliegenden Daten bestimmt werden können. Erst im Anschluss erfolgt die Umrechnung.

4. Lösungskonzept

In diesem Kapitel werden die beiden Lösungskonzepte, unter Berücksichtigung der jeweiligen Anforderungen, vorgestellt, sowie deren beispielhafte Realisierung. Die Algorithmen wurden mit der Software „MATLAB" entwickelt. Für die Entwicklung und Validierung der Konzepte wurden mehrere Messreihen verschiedener Probanden inklusive generierter Berichte (durch Vicon Polygon) vom Lehrstuhl für Mechanik und Robotik zur Verfügung gestellt.

Jeder Algorithmus wird in einem eigenen Unterkapitel behandelt und die einzelnen Unterpunkte separat behandelt. Abschließend ist für beide Algorithmen eine Kapselung für eine allgemeine Anwendung (außerhalb von MATLAB) vorgesehen.

4.1 Geschwindigkeitsbestimmung (Gangstrecke)

In diesem Unterkapitel wird das Lösungskonzept zur Ermittlung der Ganggeschwindigkeit auf der Gangstrecke vorgestellt. Zunächst muss geklärt werden, welche Eingangsgrößen benötigt werden und wie daraus die Ausgangsgröße (Geschwindigkeit des Probanden) ermittelt werden kann. Im weiteren Verlauf wird erläutert, wie die Anforderungen aus Kapitel 3.1 realisiert worden sind.

4.1.1 Geschwindigkeitsberechnung der Marker

Die Geschwindigkeit wird durch die zurückgelegte Strecke des Probanden über die dafür benötigte Zeit ermittelt. Da der zu verwendende Marker nach Kapitel 3.1 eine möglichst kleine Relativbewegung zum Körperschwerpunkt hat, kann aufgrund der minimalen Höhenänderung die vertikale Ebene (z-Koordinaten) vernachlässigt werden. Neben anderen Daten stehen die

Kamerarate, der Startframe und die räumlichen Koordinaten jedes Markers mit dem jeweilig dazugehörenden Frame zur Verfügung.

Die, zu einem bestimmten Zeitpunkt, zurückgelegte Strecke in x/y-Richtung (Δx, Δy) wird aus der Differenz der aktuellen Position des Markers (aktuelle x/y-Koordinaten), bezogen auf die ersten x/y-Koordinaten (x_1, y_1), der Ausgangslage, bestimmt (Formeln 4.1.1 und 4.1.2). Die absolute Positionsänderung ($\Delta s_{absolut}$) wird aus dem Satz des Pythagoras (Formel 4.1.3) berechnet.

$$\Delta x = x_{aktuell} - x_1 \qquad (4.1.1)$$
$$\Delta y = y_{aktuell} - y_1 \qquad (4.1.2)$$
$$\Delta s_{absolut} = \sqrt{\Delta x^2 + \Delta y^2} \qquad (4.1.3)$$

Die bis dato vergangene Zeit wird aus den jeweiligen Frames ermittelt. Zuvor jedoch muss der Frame mit Hilfe folgender Formel in eine Zeitangabe umgerechnet werden:

$$Zeit = (Frame + Startframe - 1) / Kamerarate \qquad (4.1.4)$$

Die vergangene Zeit (Δt) ist dann die Differenz der Zeit ($Zeit_{aktuell}$), bestimmt durch den aktuellen Frame, und der Zeit aus der Ausgangslage ($Zeit_1$).

$$\Delta t = Zeit_{aktuell} - Zeit_1 \qquad (4.1.5)$$

Die aktuell zurückgelegte Strecke ($\Delta s_{absolut}$) über die dafür benötigte Zeit (Δt) ergibt die aktuelle Geschwindigkeit (Δv) des Probanden zum betrachteten Zeitpunkt, bezogen auf die Ausgangslage (Formel 4.1.6).

$$\Delta v = \Delta s_{absolut} / \Delta t \qquad (4.1.6)$$

16

Sämtliche Geschwindigkeiten (Δv) über die Zeit aufgetragen ergeben den Geschwindigkeitsverlauf des Probanden (Abbildung 4.1.1).

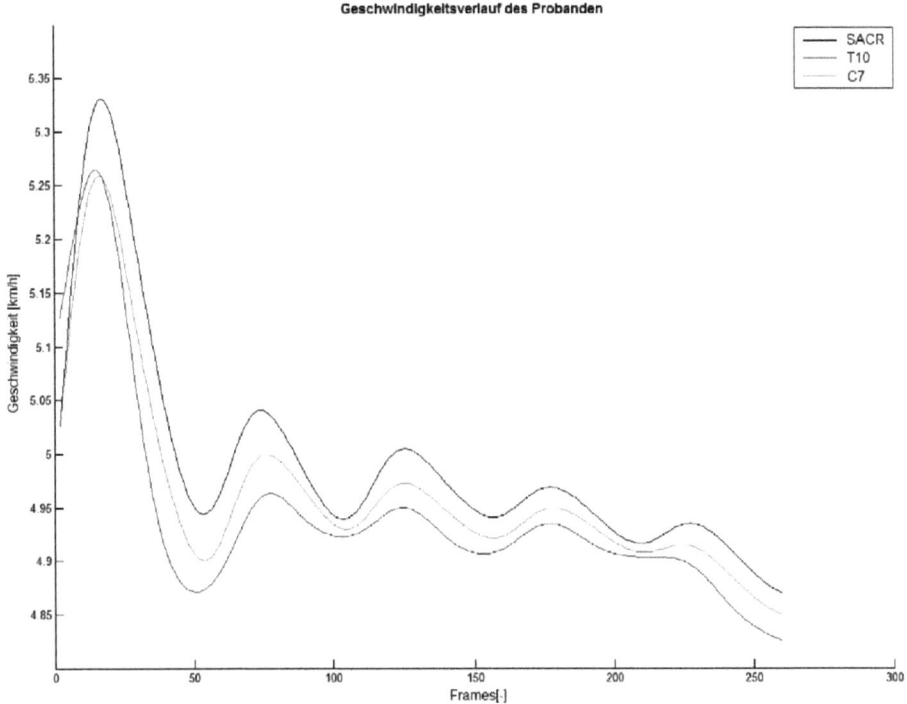

Abbildung 4.1.1: Geschwindigkeitsverlauf (Proband)

Abbildung 4.1.1 zeigt die beispielhaften Geschwindigkeitsverläufe verschiedener Marker auf der Medianebene eines Probanden. Dargestellt sind die Geschwindigkeitsverläufe der Marker T10, C7 und SACR (siehe Abbildung 2.2.1) über die Zeit. Die Variation der durchschnittlichen Ganggeschwindigkeit ist dabei bedingt durch das abwechselnde Beschleunigen und Abbremsen der einzelnen Gliedmaßen des Körpers und der Schwerpunktverlagerung von einem Bein auf das Andere.

17

Nach dem Ausschlussprinzip wurde ermittelt, dass sich der T10-Marker (Mitte) am besten für die Geschwindigkeitsermittlung eignet. Der Grund dafür ist, dass der T10-Marker weniger äußere Einflüsse (z.B.: Hautbewegung) als der SACR-Marker (wird berechnet aus LPSI und RPSI) hat und damit robuster und weniger störanfällig ist. Zudem hat der T10-Marker weniger Oberkörperbewegung als der C7-Marker.

4.1.2 Auswahl des optimalen Auswertungsbereiches

Da jeder Proband ein paar Schritte benötigt, um vom Stillstand (Start) auf seine Ganggeschwindigkeit zu beschleunigen und wieder zum Stillstand zu kommen (Ende), musste der Auswertungsbereich eingegrenzt werden (Abbildung 4.1.2a), damit die Berechnung nicht unnötig durch die Beschleunigungs- oder Abbremsphase verfälscht wird.

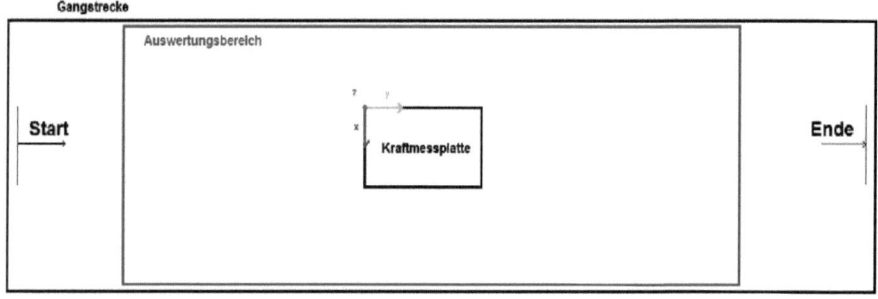

Abbildung 4.1.2a: Gangstrecke mit schematischem Auswertungsbereich

Zur Ermittlung des optimalen Auswertungsbereiches wurde für jede Messung, bei der ein ausgewerteter Bericht zur Verfügung stand, zunächst der Geschwindigkeitsverlauf des T10-Markers graphisch dargestellt, mit der ermittelten Geschwindigkeit des Berichts als Horizontale. Anschließend wurde der optimale Auswertungsbereich zunächst optisch bestimmt und tabellarisch festgehalten (Tabelle 4.1.2). Optimal bedeutet in diesem Fall, dass die Durchschnittsgeschwindigkeit dieses Bereiches nicht groß

18

schwanken sollte und sich gleichzeitig nahe der von Vicon Polygon ermittelten Geschwindigkeit befinden sollte.

Proband A	Frame [-]		y-Koord. [mm]	
Messreihe	Anfang	Ende	Anfang	Ende
Messung 1	40	250	-876,22	2368,03
Messung 2	50	200	-931,37	1537,67
Messung 3	200	275	1724,22	2761,05

Proband F	Frame [-]		y-Koord. [mm]	
Messreihe	Anfang	Ende	Anfang	Ende
Messung 1	75	200	-254,54	1389,85
Messung 2	80	250	-106,99	2147,34
Messung 3	75	200	-192,93	1436,52

Proband B	Frame [-]		y-Koord. [mm]	
Messreihe	Anfang	Ende	Anfang	Ende
Messung 1	95	175	224,16	1323,12
Messung 2	105	240	355,57	2188,11
Messung 3	125	250	702,88	2390,26

Proband G	Frame [-]		y-Koord. [mm]	
Messreihe	Anfang	Ende	Anfang	Ende
Messung 1	100	250	292,56	2221,46
Messung 2	100	200	152,31	1457,71
Messung 3	200	270	1591,94	2458,68

Proband C	Frame [-]		y-Koord. [mm]	
Messreihe	Anfang	Ende	Anfang	Ende
Messung 1	60	180	-341,25	1220,98
Messung 2	170	270	1031,27	2237,93
Messung 3	-	-	-	-

Proband H	Frame [-]		y-Koord. [mm]	
Messreihe	Anfang	Ende	Anfang	Ende
Messung 1	175	450	-1591,64	2261,59
Messung 2	300	475	285,23	2688,45
Messung 3	260	440	-600,88	1911,37

Proband D	Frame [-]		y-Koord. [mm]	
Messreihe	Anfang	Ende	Anfang	Ende
Messung 1	90	220	130,91	1861,80
Messung 2	160	300	573,58	2537,66
Messung 3	-	-	-	-

Proband I	Frame [-]		y-Koord. [mm]	
Messreihe	Anfang	Ende	Anfang	Ende
Messung 1	80	230	-473,04	1753,18
Messung 2	40	160	-194,63	1634,86
Messung 3	50	260	-931,19	2195,09

Proband E	Frame [-]		y-Koord. [mm]	
Messreihe	Anfang	Ende	Anfang	Ende
Messung 1	100	250	-230,39	1758,11
Messung 2	130	250	-114,23	1458,98
Messung 3	50	425	-1839,06	2847,64

Proband J	Frame [-]		y-Koord. [mm]	
Messreihe	Anfang	Ende	Anfang	Ende
Messung 1	140	260	390,10	2070,43
Messung 2	150	270	418,92	2091,69
Messung 3	200	290	1207,64	2492,61

	Anfang [mm]	Ende [mm]
Median	11,96	2119,52

Tabelle 4.1.2: optimaler Auswertungsbereich

Für je Anfang und Ende dieses optimalen Bereiches wurden der Frame und die dazugehörige y-Koordinate bestimmt und tabellarisch festgehalten (s.o.). Aus den y-Koordinaten wurde für je Anfang und Ende der Median bestimmt. Diese beiden Mediane werden von nun an den optimalen Auswertungsbereich kennzeichnen, der für jede Geschwindigkeits- bestimmung verwendet wird (Abbildung 4.1.2b).

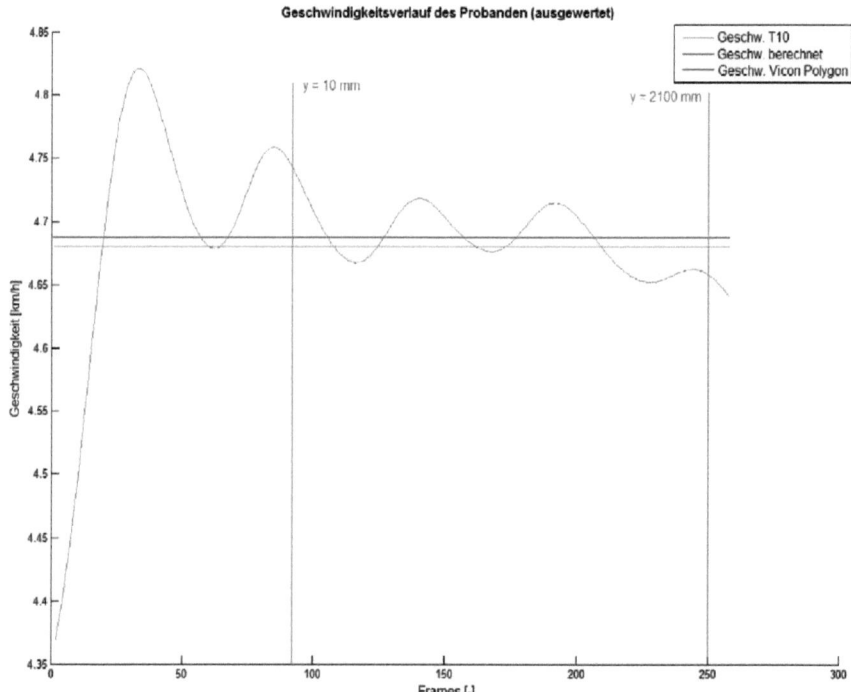

Abbildung 4.1.2b: Geschwindigkeitsverlauf mit optimalen Bereich

Abbildung 4.1.2b zeigt den ermittelten Geschwindigkeitsverlauf eines Probanden. Die lila Senkrechten kennzeichnen den optimalen Auswertungsbereich. Die Horizontalen stellen die ermittelten Ganggeschwindigkeiten von sowohl Vicon Polygon, als auch der selbst berechneten Geschwindigkeit innerhalb des Auswertungsbereiches, dar.

4.1.3 Validierung

Zur Beurteilung der Genauigkeit der Berechnung wird die berechnete Geschwindigkeit mit der von Vicon Polygon bestimmten Geschwindigkeit tabellarisch verglichen und ausgewertet (Tabelle 4.1.3). Zur Auswertung wurde die relative Abweichung des errechneten Wertes, bezogen auf die von

Vicon Polygon errechnete Geschwindigkeit, ermittelt.

Proband A	Geschw. [km/h]		relative
Messreihe	Vic. Poly.	berechnet	Abweich. In %
Messung 1	5,202	5,6573	8,75
Messung 2	5,904	5,9166	0,21
Messung 3	6,138	6,2914	2,50

Proband F	Geschw. [km/h]		relative
Messreihe	Vic. Poly.	berechnet	Abweich. In %
Messung 1	4,752	4,6723	-1,68
Messung 2	4,896	4,7888	-2,19
Messung 3	4,734	4,6768	-1,21

Proband B	Geschw. [km/h]		relative
Messreihe	Vic. Poly.	berechnet	Abweich. In %
Messung 1	4,950	4,9387	-0,23
Messung 2	4,914	4,9642	1,02
Messung 3	5,040	5,0961	1,11

Proband G	Geschw. [km/h]		relative
Messreihe	Vic. Poly.	berechnet	Abweich.In %
Messung 1	4,608	4,647	0,85
Messung 2	4,680	4,6876	0,16
Messung 3	4,734	4,8014	1,42

Proband C	Geschw. [km/h]		relative
Messreihe	Vic. Poly.	berechnet	Abweich. In %
Messung 1	4,644	4,7022	1,25
Messung 2	4,698	4,7921	2,00
Messung 3	0,0954	nicht geeignet	

Proband H	Geschw. [km/h]		relative
Messreihe	Vic. Poly.	berechnet	Abweich. In %
Messung 1	5,040	5,0266	-0,27
Messung 2	4,914	5,0589	2,95
Messung 3	4,986	5,0301	0,88

Proband D	Geschw. [km/h]		relative
Messreihe	Vic. Poly.	berechnet	Abweich. In %
Messung 1	4,806	4,8817	1,58
Messung 2	5,094	5,0534	-0,80
Messung 3	0,0864	nicht geeignet	

Proband I	Geschw. [km/h]		relative
Messreihe	Vic. Poly.	berechnet	Abweich. In %
Messung 1	5,364	5,3768	0,24
Messung 2	5,490	5,5061	0,29
Messung 3	5,436	5,3607	-1,39

Proband E	Geschw. [km/h]		relative
Messreihe	Vic. Poly.	berechnet	Abweich. In %
Messung 1	4,824	4,7618	-1,29
Messung 2	4,716	4,6934	-0,48
Messung 3	4,500	4,6385	3,08

Proband J	Geschw. [km/h]		relative
Messreihe	Vic. Poly.	berechnet	Abweich. In %
Messung 1	5,184	5,2499	1,27
Messung 2	5,094	5,1472	1,04
Messung 3	5,400	5,4629	1,16

Tabelle 4.1.3: Geschwindigkeitsvergleich mit Vicon Polygon

Das Resultat ist, dass die selbst berechnete Geschwindigkeit nicht mehr als 3% von der durch Vicon Polygon errechneten Geschwindigkeit abweicht, mit Ausnahme eines Ausreißers (ca. 8%). Zur Untersuchung ist der Ausreißer in Abbildung 4.1.3 dargestellt.

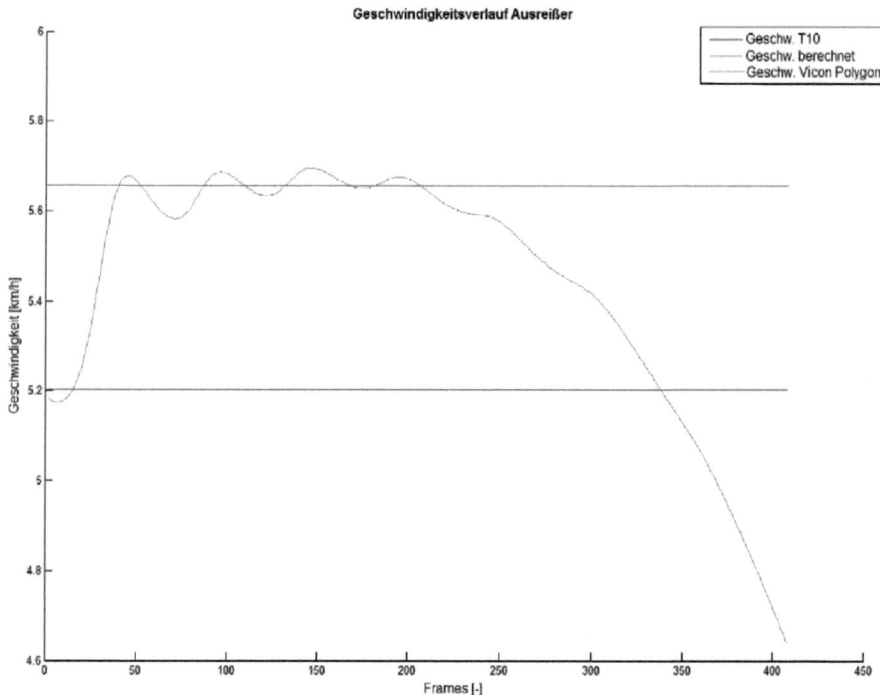

Abbildung 4.1.3: Ausreißer (Proband A, Messung 1)

In Abbildung 4.1.3 wird erkenntlich, dass für die Abweichung durch eine fehlerhafte Berechnung der Ganggeschwindigkeit durch Vicon Polygon verantwortlich ist, da die Berechnung durch Beschleunigungs- und Abbremsphase beeinflusst wird.

4.1.4 Prototypische Realisierung

Nachdem die Vorgehensweise zur Berechnung der Geschwindigkeit unter Berücksichtigung des Auswertungsbereiches vorgestellt und validiert ist, folgt nun eine prototypische Realisierung. Abbildung 4.1.4 zeigt eine Übersicht über den Ablauf des Algorithmus, gefolgt von einer kurzen Erläuterung.

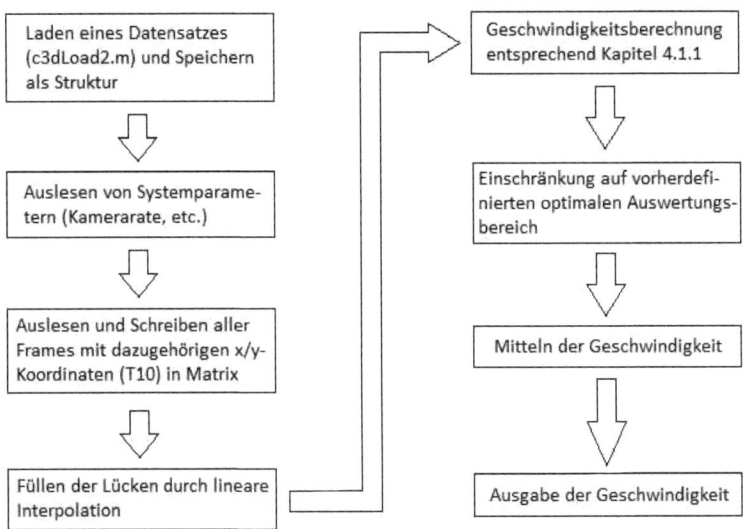

Abbildung 4.1.4: Flussdiagramm FreeGaitSpeed.m

Zunächst wird die auszuwertende c3d-Datei mittels c3dLoad2.m geladen.
c3dLoad2.m ist eine modifizierte Version der Funktion c3dLoad.m, welche nur
die für den Algorithmus notwendigen Daten ausliest, um weitere Zeit zu
sparen. Die ursprüngliche Version wurde vom Lehrstuhl für Mechanik und
Robotik zur Verfügung gestellt. Anschließend werden grundlegende
Parameter (Kamerarate und Startframe) ausgelesen und die Koordinaten mit
dazugehörigem Frame in einer Matrix angelegt. Da auch unbearbeitete
Dateien verwendet werden sollen, werden für den Fall, dass zu einem
bestimmten Zeitpunkt keine Koordinaten vorhanden sein sollten (fehlendes
Gap-Filling), weil beispielsweise der Marker kurz verdeckt war, Lücken in der
Matrix mittels linearer Interpolation geschlossen. Die
Geschwindigkeitsberechnung erfolgt wie in Kapitel 4.1.1 beschrieben.
Nachdem die berechneten Geschwindigkeiten auf den optimalen
Auswertungsbereich eingeschränkt wurden, erfolgt die Ausgabe der
gemittelten Geschwindigkeit.

4.1.5 Vervollständigung des Algorithmus

Nachdem gezeigt wurde, dass der entwickelte Algorithmus mit ausreichender Genauigkeit funktioniert, wird er entsprechend der Anforderungen aus Kapitel 3.1 ergänzt (Abbildung 4.1.5).

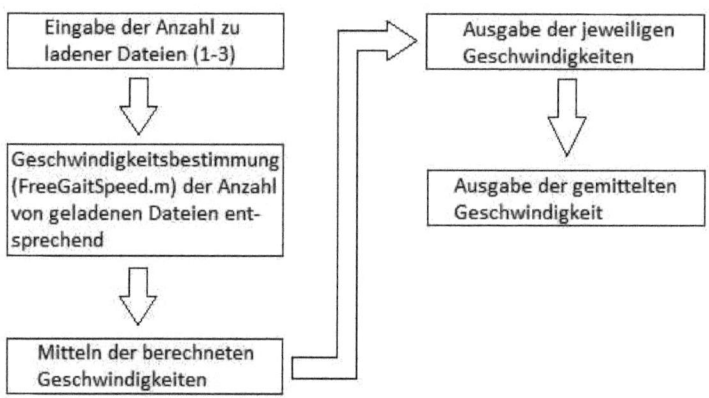

Abbildung 4.1.5: Flussdiagramm Gangstrecke.m

Abbildung 4.1.5 zeigt den möglichen Ablauf eines Programmes zur Auswertung von ein bis drei Dateien. Über eine Abfrage wird die entsprechende Anzahl an Dateien geladen und die jeweiligen Geschwindigkeiten mittels des in Kapitel 4.1.4 dargestellten Algorithmus berechnet. Als Ausgabe werden die jeweils einzelnen Ganggeschwindigkeiten zusammen mit einer daraus gemittelten Geschwindigkeit angezeigt.

4.2 Geschwindigkeitsbestimmung (Laufband)

In diesem Unterkapitel wird das Lösungskonzept zur Ermittlung der Ganggeschwindigkeit auf dem Laufband vorgestellt, welche ggf. zur Umrechnung der Markertrajektorien benötigt wird. Auch hier wird zunächst geklärt, welche Eingangsgrößen benötigt werden und wie daraus die Ausgangsgröße ermittelt werden kann.

24

4.2.1 Geschwindigkeitsberechnung der Marker

Die Geschwindigkeit wird ähnlich, wie in Kapitel 4.1.1 beschrieben, berechnet. Da die Steigung des Laufbandes jedoch variiert werden kann, darf die vertikale Ebene hier nicht vernachlässigt werden. Neben anderen Daten stehen auch hier die Kamera-rate, der Startframe und die räumlichen Koordinaten jedes Markers mit dem jeweilig dazugehörenden Frame zur Verfügung.

Anders als auf der Gangstrecke, darf hier kein Geschwindigkeitsverlauf, bezogen auf einen festen Ausgangspunkt, erstellt werden, da sich der Proband räumlich gesehen nicht von der Stelle bewegt. Stattdessen wird der Geschwindigkeitsverlauf des verwendeten Markers berechnet. Dazu wird zunächst wieder die absolute Positionsänderung ($\Delta s_{absolut}$) ermittelt, dieses Mal jedoch bezogen auf den Vorgänger (Formeln 4.2.1 bis 4.2.4). Die Art der Berechnung und die Benennung der Parameter ist analog zu Kapitel 4.1.1, mit der Ausnahme, dass die Wegänderung in z-Richtung (Δz) mit einbezogen wird.

$$\Delta x = x_{aktuell} - x_{Vorgänger} \qquad (4.2.1)$$
$$\Delta y = y_{aktuell} - y_{Vorgänger} \qquad (4.2.2)$$
$$\Delta z = z_{aktuell} - z_{Vorgänger} \qquad (4.2.3)$$
$$\Delta s_{absolut} = \sqrt{\Delta x^2 + \Delta y^2 + \Delta z^2} \qquad (4.2.4)$$

Die vergangene Zeit (Δt) zwischen den einzelnen Frames ist immer gleich groß und entspricht dem Kehrwert der Kamerarate. Für die Berechnung von Δt können aber auch folgende Formeln verwendet werden:

$$Zeit = (Frame + Startframe - 1)/Kamerarate \qquad (4.2.5)$$
$$\Delta t = Zeit_{aktuell} - Zeit_{Vorgänger} \qquad (4.2.6)$$

Die zurückgelegte Strecke über die Zeit (Formel 4.2.7) ergibt wieder den Geschwindigkeitsverlauf (Abbildung 4.2.1).

$$\Delta v = \Delta s_{absolut} / \Delta t \qquad (4.2.7)$$

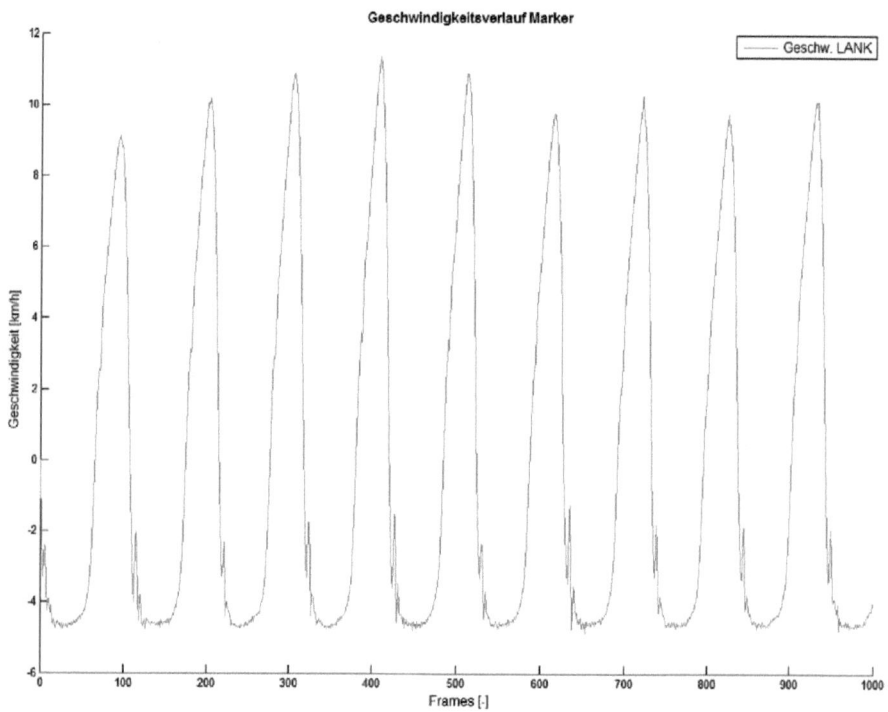

Abbildung 4.2.1: Geschwindigkeitsverlauf (LANK)

Abbildung 4.2.1 zeigt den Geschwindigkeitsverlauf des LANK-Markers. Da die Geschwindigkeit des Fußes beim Aufsetzen auf das Laufband identisch mit der des Laufbandes ist, wurde einer der Fußmarker verwendet. Die Rotationsbewegung beim Abheben oder Aufsetzen des Fußes auf das Laufband musste zusätzlich möglichst gering ausfallen, damit die Geschwindigkeit nicht unnötigen Einflüssen ausgesetzt wird. Gewählt wurde daher der LANK-Marker (siehe Abbildung 2.2.1), da er dem Laufband beim Aufsetzen des Fußes sehr nahe ist und sich im Rotationszentrum des oberen Sprunggelenkes befindet.

In der obigen Abbildung wird der Bewegungsablauf des Fußes sehr gut ersichtlich. Von einer nahezu konstanten Geschwindigkeit (Fuß auf dem Laufband) macht die Geschwindigkeit einen Sprung und wechselt dabei die Richtung vom negativen in den positiven Bereich (Vorziehen und Absetzen des Fußes).

4.2.2 Auswahl des Auswertungsbereiches

Relevant für die Berechnung der Laufbandgeschwindigkeit ist nur der Bereich, in dem der Marker (und damit der Fuß) eine nahezu konstante Geschwindigkeit hat (Abbildung 4.2.2a). Zu diesem Zeitpunkt befindet sich der Fuß auf dem Laufband und hat die selbe Geschwindigkeit. Zum Vergleich ist die tatsächliche Laufbandgeschwindigkeit als Horizontale dargestellt (Abbildung 4.2.2a).

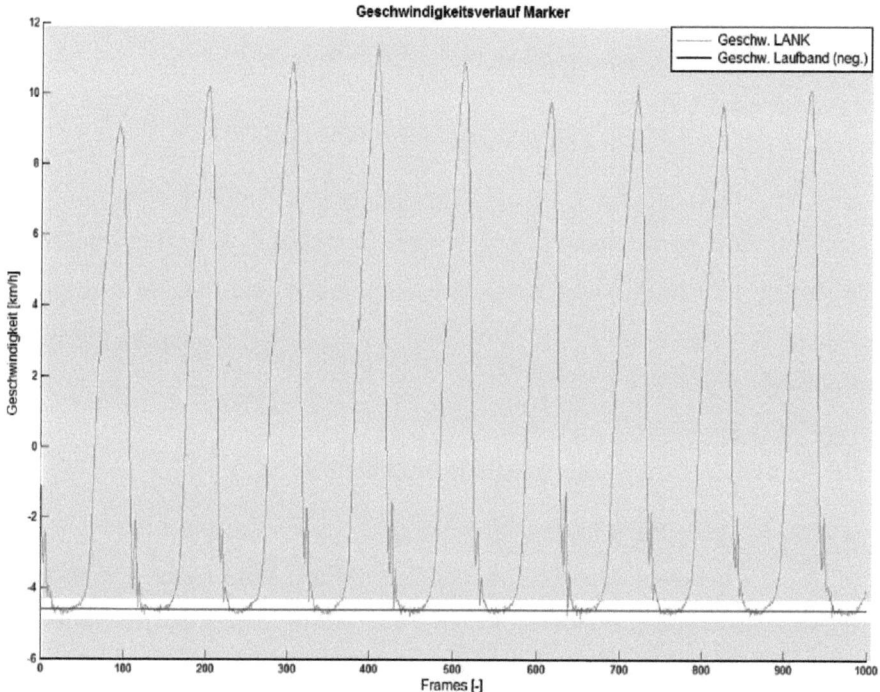

Abbildung 4.2.2a: Geschwindigkeitsverlauf (LANK) mit Auswertungsbereich (weiß)

Um die Laufbandgeschwindigkeit anhand des Markers zu ermitteln, wurden alle berechneten Geschwindigkeiten des Markers der Größe nach sortiert und mit der eingestellten Laufbandgeschwindigkeit verglichen (Abbildung 4.2.2b). Da die eingestellte Laufbandgeschwindigkeit stets positiv ist, muss sie der Orientierung des Ganglabors angepasst werden.

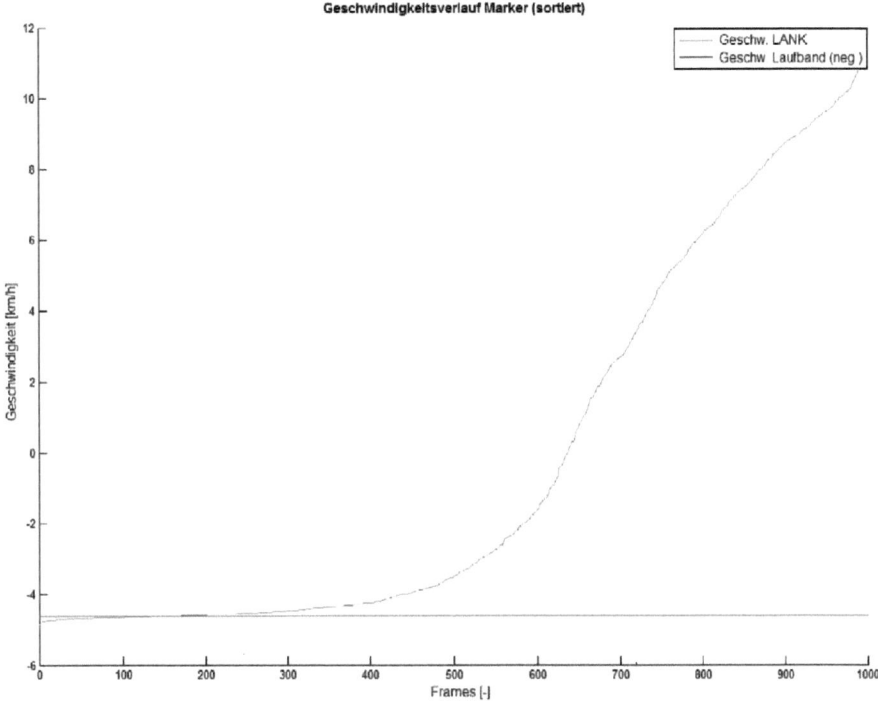

Abbildung 4.2.2b: Geschwindigkeitsverlauf (sortiert)

Abbildung 4.2.2b stellt die errechneten Geschwindigkeiten des Markers, der Größe nach sortiert, und die tatsächliche Laufbandgeschwindigkeit als Horizontale dar. Auffällig ist der nahezu lineare Bereich in der ersten Hälfte der Graphik. Dies sind die Geschwindigkeiten des Markers, während sich der Fuß auf dem Laufband befindet. Der Schnittpunkt vom Graphen des Markers mit der Horizontalen liegt statistisch gesehen bei allen Messreihen ungefähr bei 15%, bezogen auf die gesamte Anzahl an Geschwindigkeiten. Die berechnete Geschwindigkeit des Laufbandes wird daher immer gleich dem Quantil bei 15% (Q0,15) der sortierten Markergeschwindigkeiten sein.

29

4.2.3 Validierung

Zur Beurteilung der Genauigkeit der Berechnung wird die berechnete Geschwindigkeit mit der Geschwindigkeit des Laufbandes tabellarisch verglichen und ausgewertet (Tabelle 4.2.3). Zur Auswertung wurde die relative Abweichung des errechneten Wertes, bezogen auf die tatsächliche Laufbandgeschwindigkeit, ermittelt.

Proband A	Geschw. [km/h]		relative
Messung	Laufband	berechn. ($Q_{0,15}$)	Abw. [%]
Messung 1	6,0	5,9592	0,68
Messung 2	6,1	6,0301	1,15
Messung 3	6,1	6,0398	0,99

Proband F	Geschw. [km/h]		relative
Messung	Laufband	berechn. ($Q_{0,15}$)	Abw. [%]
Messung 1	4,8	4,7771	0,48
Messung 2	4,8	4,7805	0,41
Messung 3	4,9	4,8919	0,17

Proband B	Geschw. [km/h]		relative
Messung	Laufband	berechn. ($Q_{0,15}$)	Abw. [%]
Messung 1	4,9	4,9090	-0,18
Messung 2	4,9	4,8789	0,43
Messung 3	5,0	4,9932	0,14

Proband G	Geschw. [km/h]		relative
Messung	Laufband	berechn. ($Q_{0,15}$)	Abw. [%]
Messung 1	4,6	4,5690	0,67
Messung 2	4,7	4,6147	1,81
Messung 3	4,7	4,6285	1,52

Proband C	Geschw. [km/h]		relative
Messung	Laufband	berechn. ($Q_{0,15}$)	Abw. [%]
Messung 1	4,6	4,5996	0,01
Messung 2	4,6	4,6063	-0,14
Messung 3	4,7	4,6892	0,23

Proband H	Geschw. [km/h]		relative
Messung	Laufband	berechn. ($Q_{0,15}$)	Abw. [%]
Messung 1	5,0	4,8640	2,72
Messung 2	5,1	4,8579	4,75
Messung 3	5,1	4,9886	2,18

Proband D	Geschw. [km/h]		relative
Messung	Laufband	berechn. ($Q_{0,15}$)	Abw. [%]
Messung 1	4,9	4,8551	0,92
Messung 2	5,0	4,9565	0,87
Messung 3	4,9	4,8432	1,16

Proband I	Geschw. [km/h]		relative
Messung	Laufband	berechn. ($Q_{0,15}$)	Abw. [%]
Messung 1	5,4	5,3386	1,14
Messung 2	5,5	5,4359	1,17
Messung 3	5,5	5,4426	1,04

Proband E	Geschw. [km/h]		relative
Messung	Laufband	berechn. ($Q_{0,15}$)	Abw. [%]
Messung 1	4,7	nicht ladbar	
Messung 2	4,7	nicht geeignet	
Messung 3	4,7	nicht geeignet	

Proband J	Geschw. [km/h]		relative
Messung	Laufband	berechn. ($Q_{0,15}$)	Abw. [%]
Messung 1	5,3	5,2615	0,73
Messung 2	5,4	5,3527	0,88
Messung 3	5,4	5,3363	1,18

Tabelle 4.2.3: Geschwindigkeitsvergleich mit Laufband

Das Resultat ist, dass die berechnete Geschwindigkeit nicht mehr als 3% von der Geschwindigkeit des Laufbandes abweicht, mit Ausnahme eines Ausreißers (4,75%). Zur Untersuchung ist der Ausreißer in Abbildung 4.2.3 dargestellt.

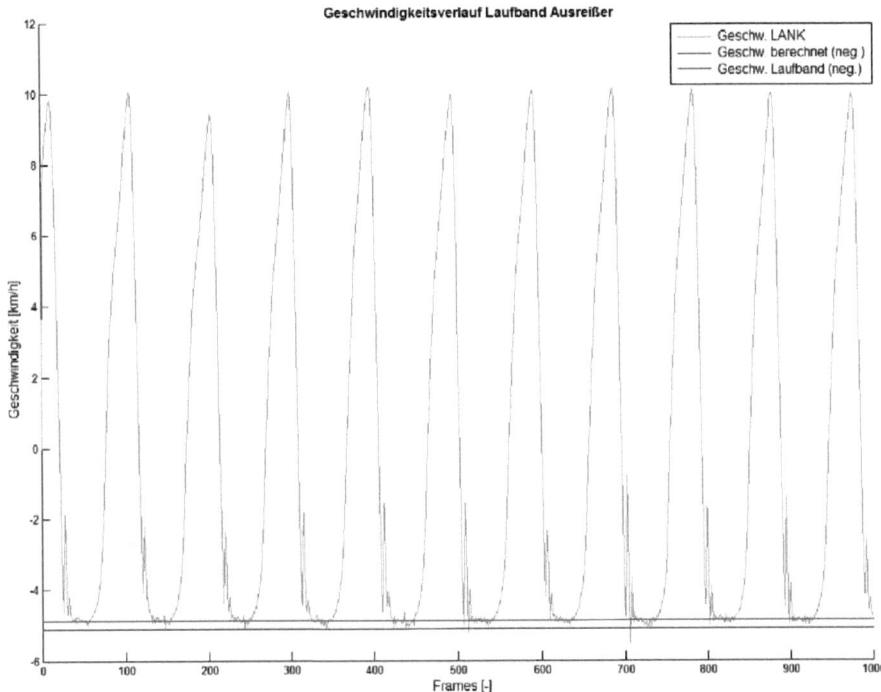

Abbildung 4.2.3: Ausreißer (Proband H, Messung 2)

Sofort auffällig in Abbildung 4.2.3 ist, dass die berechneten Geschwindigkeiten des Markers über der angegebenen Geschwindigkeit des Laufbandes zu „schweben" scheinen. Der Grund dafür ist offensichtlich eine fehlerhafte Angabe der Laufbandgeschwindigkeit (menschliches Versagen).

4.2.4 Prototypische Realisierung

Nachdem gezeigt wurde, dass der Algorithmus zur Berechnung der Laufbandgeschwindigkeit ebenfalls mit ausreichender Genauigkeit anwendbar ist, folgt nun eine prototypische Realisierung. Abbildung 4.2.4 zeigt eine Übersicht über den Ablauf des Algorithmus, gefolgt von einer kurzen Erläuterung.

31

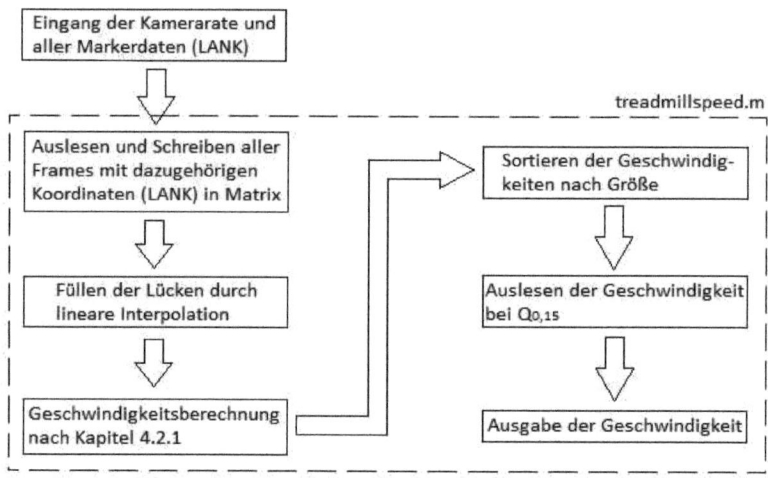

Abbildung 4.2.4: Flussdiagramm treadmillspeed.m

Der Algorithmus benötigt für seine korrekte Anwendbarkeit alle Koordinaten des LANK-Markers einschließlich der dazugehörigen Frames, sowie die Kamerarate. Die Frames und dazu gehörige Koordinaten werden in einer Matrix angelegt und eventuelle Lücken mittels linearer Interpolation geschlossen. Es folgt die Berechnung der Markergeschwindigkeiten nach Kapitel 4.2.1. Anschließend erfolgt eine Sortierung der Markergeschwindigkeiten nach Größe. Zum Abschluss wird die Geschwindigkeit des Laufbandes ermittelt (Q0,15) und anschließend ausgegeben.

4.2.5 Vervollständigung des Algorithmus

Nachdem gezeigt wurde, dass der entwickelte Algorithmus funktioniert, wird er entsprechend der Anforderungen aus Kapitel 3.2 ergänzt (Abbildung 4.2.5). Abbildung 4.2.5 zeigt den möglichen Ablauf eines Programmes zur Umrechnung der Markertrajektorien.

32

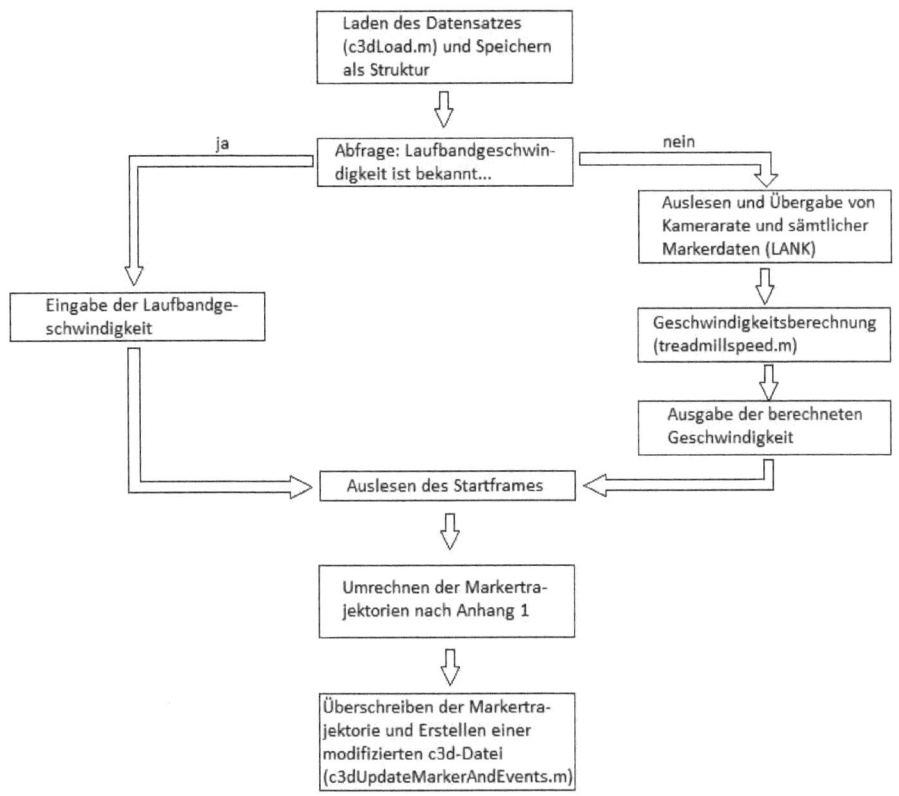

Abbildung 4.2.5: Flussdiagramm umrechnen.m

Zunächst wird der zu modifizierende Datensatz mittels c3dLoad.m geladen. Anschließend erfolgt eine Abfrage, ob die Laufbandgeschwindigkeit bekannt ist, oder nicht. Ist sie bekannt, muss diese eingegeben werden. Andernfalls werden Kamerarate und Markerdaten (Koordinaten und Frames) an die Funktion treadmillspeed.m übergeben. Zur Kontrolle wird die berechnete Geschwindigkeit angezeigt. Nun wird der Startframe ausgelesen und es folgt die Umrechnung der Markertrajektorien (siehe Anhang 1). Abschließend wird ein modifizierter Datensatz mit Hilfe von c3dUpdateMarkerAndEvents.m erstellt. Diese Funktion wurde ebenfalls vom Lehrstuhl für Mechanik und Robotik zur Verfügung gestellt. Die Funktion erlaubt es dem Anwender,

33

Inhalte einer c3d-Datei zu verändern und speichert die veränderte Variante als neue Datei.

4.3 Kapselung

Die vorgestellten Algorithmen finden nur in Verbindung mit MATLAB eine Anwendung. Für das Lösungskonzept war es vorgesehen, die entwickelten Funktionen nun für den allgemeinen Gebrauch zu kapseln. Der Vorteil der Kapselung ist, dass die gekapselten Programme in eine Anwendung (.exe) umgewandelt werden und an jedem beliebigen PC, auch ohne MATLAB, anwendbar sind. Zwecks hierfür ist in MATLAB bereits eine Toolbox namens „Deploytool" implementiert.

Damit die erstellte Anwendung auf anderen PCs anwendbar ist, muss auf dem entsprechenden PC ein Programm namens „MATLAB Compiler Runtime" (MCR) Version 8.2 installiert werden. MCR ist ein eigenständiger Satz von Bibliotheken, mit dem die erstellte MATLAB-Anwendung, völlig ohne MATLAB, ausführbar ist [6]. Beim Kompilieren mit Deploytool wird automatisch ein Web-Installer mit erstellt. Zusätzlich braucht die kompilierte Anwendung noch das „Software Development Kit" (SDK) zum Lesen und Schreiben von c3d-Dateien, herunterladbar unter [www.c3d.org]. Zur korrekten Installation muss die C3DServer.dll manuell registriert werden. Hierfür sind Administratorrechte erforderlich.

Die Dynamic Link Library C3DServer.dll ist jedoch aus unbekannten Gründen nicht mit MCR kompatibel. Bei der Ausführung der gekapselten Algorithmen konnte der c3d-Server nicht aufgebaut werden, welches zum Abbruch der Anwendung führte. Daher musste im Rahmen der prototypischen Realisierung auf eine Kapselung verzichtet werden, da eine detaillierte Fehlersuche den Rahmen dieser Arbeit sprengen würde.

5. Auswertung

In diesem Kapitel werden die einzelnen, vom Lehrstuhl zur Verfügung gestellten, Datensätze vom Laufband und der Gangstrecke beispielhaft ausgewertet. Die Datensätze des Lehrstuhls kommen deshalb in Frage, weil die Probanden sowohl auf der Gangstrecke, als auch auf dem Laufband mit ihrer persönlichen „Wohlfühl-Geschwindigkeit" gegangen sind und die Ganggeschwindigkeiten der jeweiligen Probanden kaum variieren (wie noch gezeigt wird).

5.1 Bestimmung der Gangparameter

Zunächst werden die Gangparameter für sämtliche Messungen berechnet und tabellarisch festgehalten. Die Datensätze vom Laufband wurden vor der Auswertung mit umrechnen.m umgerechnet. Datensätze, welche offensichtlich falsche Parameter enthalten (wie negative Werte etc.), werden aussortiert und gehen nicht in die Auswertung ein. Aufgrund der großen Datenmenge (knappe 100 Datensätze) ist die Auswertung der Gangparameter für einen Probanden in Abbildung 5.1 dargestellt. Der erforderliche Algorithmus zur Berechnung der Gangparameter wurde ebenfalls vom Lehrstuhl für Mechanik und Robotik zur Verfügung gestellt.

Proband C	Messung 3		Messung 4		Messung 5		Messung 6		Messung 7		Messung 11		Messung 12	
Gangparameter	links	rechts	links	rechts	links	rechts	links	rechts	links	rechts	links	rechts	links	rechts
Cadence	116,5049	115,3846	115,3846	114,2857	117,6471	116,5049	117,6471	116,5049	116,5049	117,6471	121,2121	118,8119	121,2121	120
OppositeFootOff	5,8252	9,6154	2,8846	9,5238	5,8823	8,7379	3,9216	9,7087	12,6214	9,8039	12,1212	10,8911	11,1111	11
OppositeFootContact	49,5146	50,9615	50	50,4762	50	50,4854	49,0196	51,4563	49,5146	50	53,5354	47,5248	51,5152	49
FootOff	58,2524	56,7308	58,6538	53,3333	57,8431	56,3107	57,8431	55,3398	60,1942	62,7451	62,6263	59,4059	61,6162	60
LimpIndex	1,0169	0,9833	1,0893	0,918	1,0172	0,9831	1,0351	0,9661	0,9687	1,0323	1,0333	0,9677	1,0167	0,9836
SingleSupport	43,6893	41,3462	47,1154	40,9524	44,1177	41,7376	45,098	41,7476	36,8932	40,1961	41,4141	36,6337	40,404	38
DoubleSupport	14,5631	15,3846	11,5384	12,3809	13,7255	14,5631	12,7451	13,5922	23,301	22,549	21,2121	22,7723	21,2121	22
StepLength	0,6997	0,7156	0,7043	0,7179	0,7103	0,7258	0,7177	0,7374	0,7079	0,7076	0,6719	0,7328	0,6896	0,7246
StrideLength	1,4165	1,4303	1,4241	1,4414	1,4361	1,4499	1,4571	1,471	1,4159	1,4022	1,4049	1,4256	1,4141	1,4134
StepTime	0,52	0,51	0,52	0,52	0,51	0,51	0,52	0,5	0,52	0,51	0,46	0,53	0,48	0,51
StrideTime	1,03	1,04	1,04	1,05	1,02	1,03	1,02	1,03	1,03	1,02	0,99	1,01	0,99	1
StepWidth	0,1051	0,1125	0,1104	0,1217	0,1245	0,1246	0,1242	0,1353	0,1735	0,175	0,1652	0,1664	0,1755	0,1752
WalkingSpeed	1,3752	1,3753	1,3693	1,3728	1,4079	1,4076	1,4285	1,4281	1,3747	1,3747	1,4191	1,4115	1,4284	1,4134

Abbildung 5.1: Ausschnitt der Tabelle zur Auswertung der Gangparameter

Abbildung 5.1 zeigt die errechneten Gangparameter verschiedener Messungen jeweils für die rechte und linke Seite beispielhaft für einen Probanden. Die Messungen auf dem Laufband sind mit einem grünen Hintergrund gekennzeichnet.

5.2 Auswertung der Gangparameter

Nun werden bei jedem Probanden, für jeweils Gangstrecke und Laufband getrennt, der Mittelwert und die Standardvarianz sämtlicher Gangparameter ermittelt. Anschließend werden für den Vergleich der Gangparameter zwischen Laufband und Gangstrecke die Abweichungen der Mittelwerte und der Standardvarianzen, bezogen auf die Parameter von der Gangstrecke, bestimmt. Die Standardvarianz ist ein Maß für die Streuung um einen Mittelwert und ist damit ebenso ein Maß für die Wiederholgenauigkeit der Probanden. Letztendlich werden noch alle Abweichungen für jeden Parameter gemittelt (Abbildung 5.2), um die Abweichungen, bezogen auf das Kollektiv, zu betrachten.

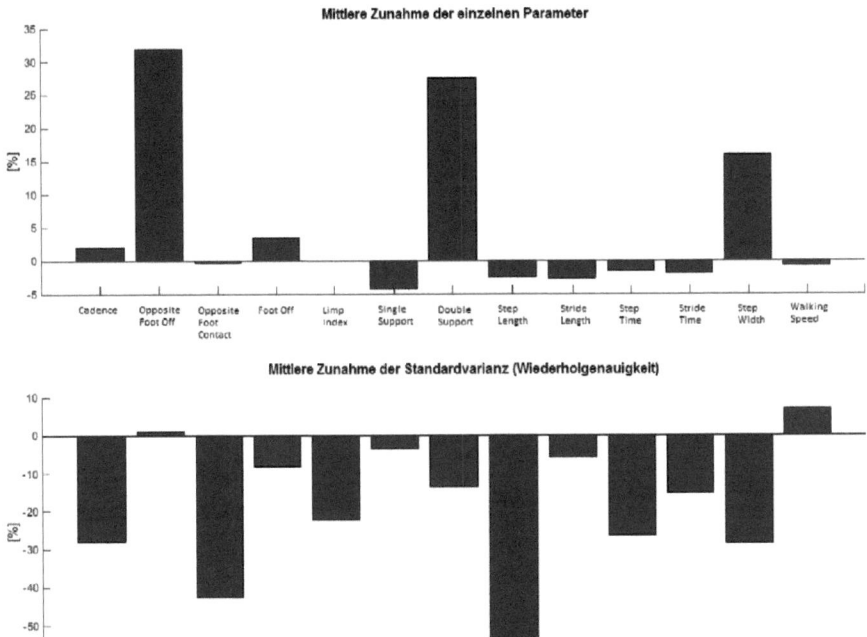

Abbildung 5.2: Abweichungen der Gangparameter des Kollektivs

Das obere Balkendiagramm zeigt die Zunahme der Gangparameter von der Gangstrecke zum Laufband. Ein positiver Wert bedeutet, dass der entsprechende Gangparameter der Probanden auf dem Laufband durchschnittlich größer ist als auf der Gangstrecke. Der Beweis, dass die Probanden auf dem Laufband mit fast der selben Geschwindigkeit wie auf der Gangstrecke gegangen sind, zeigt die minimale Änderung des Gangparameters „Walking Speed". Auffällig in der Graphik ist, dass die Parameter „Opposite Foot Off", „Double Support" und „Step Width", anders als die restlichen Parameter, auf dem Laufband wesentlich höher sind, als auf der Gangstrecke. Der Parameter „Opposite Foot Off" gibt den Zeitpunkt des Abhebens des Gegenbeins, bezogen auf die Zykluslänge (Stride Time), an.

Die Doppelunterstützung (Double Support) ist der Zeitanteil, in der der Proband während eines Gangzykluses mit beiden Beinen den Boden berührt. Die Schrittbreite (Step Width) ist der Abstand beider Füße zueinander. Da diese Parameter deutlich erhöht sind, bedeutet das, dass die Probanden auf dem Laufband größere Schwierigkeiten haben ihr Gleichgewicht zu halten. Sie vergrößern dafür ihre Standfläche und versuchen die Standphase auf beiden Beinen möglichst lange zu halten.

Das untere Balkendiagramm zeigt die Zunahme der Standardvarianzen von der Gangstrecke zum Laufband. Ein positiver Wert bedeutet, dass die Wiederholgenauigkeit der Probanden auf dem Laufband zugenommen hat. Aus der Graphik geht hervor, dass das Laufband die Gruppe bezüglich ihrer Wiederholgenauigkeit des Ganges stark verschlechtert. Letztendlich lässt sich jedoch anmerken, dass dieses Ergebnis sich nicht verallgemeinern lässt. Werden die Probanden im Einzelnen betrachtet, lässt sich feststellen, dass das Laufband die Wiederholgenauigkeit der Probanden unterschiedlich stark beeinflusst (Tabelle 5.2).

	Proband A	Proband B	Proband C	Proband D	Proband E	Proband F	Proband G	Proband H	Proband I	Proband J
Cadence	33,44%	-61,79%	-114,54%	-21,27%	31,72%	29,37%	-29,70%	-153,26%	-	34,57%
OppFootOff	65,92%	70,90%	8,53%	2,78%	10,56%	41,85%	8,48%	-12,01%	-229,85%	44,32%
OppFootCon	-0,85%	-162,57%	-26,48%	11,29%	67,29%	-9,75%	-347,14%	52,53%	-	31,97%
FootOff	47,34%	21,57%	12,74%	4,79%	58,96%	28,33%	-29,70%	-51,76%	-200,97%	27,72%
LimpIndex	22,34%	41,21%	-145,30%	-45,29%	74,87%	20,69%	4,45%	1,97%	-186,13%	-11,25%
SingleSupport	51,15%	9,23%	19,75%	31,62%	66,00%	31,84%	-36,99%	-86,30%	-146,58%	25,60%
DoubleSupport	75,42%	34,98%	41,57%	31,00%	-26,40%	72,91%	-22,53%	-151,19%	-252,42%	60,78%
StepLength	-7,66%	-83,03%	-147,90%	-66,42%	-35,94%	29,29%	-94,75%	-195,85%	-30,54%	72,84%
StrideLength	28,33%	54,57%	-39,68%	-99,98%	70,21%	-26,24%	-53,08%	-11,94%	-53,58%	71,34%
StepTime	11,95%	-246,20%	-76,54%	19,02%	62,23%	-11,80%	-73,43%	43,53%	-	33,86%
StrideTime	37,89%	-53,96%	-98,63%	-12,34%	76,68%	32,45%	-21,96%	-135,13%	-	36,21%
StepWidth	-79,70%	52,84%	-166,13%	1,70%	19,90%	-103,20%	0,36%	50,79%	-67,06%	5,81%
WalkingSpeed	76,51%	10,56%	-153,55%	42,63%	67,82%	-28,44%	49,14%	-8,69%	-48,23%	61,38%

Tabelle 5.2: Vergleich der Zunahme der Standardvarianz untereinander („-" entspricht einer Division durch null)

Tabelle 5.2 zeigt die Wirkung des Gehens auf dem Laufband bezüglich der Wiederholgenauigkeit der einzelnen Probanden. Eine grün unterlegte Zahl bedeutet eine Verbesserung der Wiederholgenauigkeit, eine rot unterlegte Zahl eine Verschlechterung. Aus der Tabelle geht eindeutig hervor, dass manche Probanden die Wiederholgenauigkeit ihrer Bewegungen auf dem Laufband gesteigert haben (Probanden A,E,J), während dessen andere sich stark verschlechtern (Probanden C,H,I).

6. Zusammenfassung und Ausblick

Im Rahmen dieser Arbeit wurde ein Algorithmus entwickelt, der die quantitative Auswertung des erzwungenen Ganges auf dem Laufband mittels Motion Capture, beispielhaft anhand von Gangparametern, ermöglicht. Die Problemstellung lag darin, dass der erzwungene Gang auf dem Laufband von dem verwendeten Bewegungs-Erfassungs-Verfahren (Motion Capture) nicht als Gang, sondern nur als eine elliptische Bewegung, wahrgenommen wurde. Dies führte zu einer fehlerhaften Auswertung des Ganges. Zu diesem Zweck wurde ein Algorithmus entwickelt, welcher den Gang auf dem Laufband, für die Auswertung mit Vicon Polygon, in einen Gang auf der Gangstrecke umwandelt.

In Kapitel 2 wurden die Grundlagen zum aufrechten Gang, sowie die betrachteten Gangparameter vorgestellt. Des Weiteren wurde die Messeinrichtung, der Messablauf und die Datenverarbeitung innerhalb des Ganglabors dargestellt, sowie das verwendete Datenformat, die c3d-Datei.

In Kapitel 3 wurden die Anforderungen an den Algorithmus zur Umrechnung der Markertrajektorien gestellt. Auch die Anforderungen an den Algorithmus zur Optimierung des Messablaufs und Einstellen der Laufband-geschwindigkeit wurden in diesem Kapitel dargestellt.

Nach dem Formulieren der Anforderungen wurden die beiden Lösungs-konzepte der Algorithmen, unter Berücksichtigung von Kapitel 3, vorgestellt, ebenso deren beispielhafte Realisierung. Für die Entwicklung und Validierung der beiden Algorithmen standen Messreihen verschiedener Probanden zur Verfügung. Anschließend wurde der Versuch einer Kapselung beider Algorithmen zur allgemeinen Anwendung ohne MATLAB unternommen.

Für die quantitative Auswertung wurden die Datensätze vom Laufband mit Hilfe des entwickelten Algorithmus umgerechnet und für sämtliche Datensätze die Gangparameter bestimmt. Die Gangparameter von Laufband und Gangstrecke wurden miteinander verglichen und ausgewertet. Die Ergebnisse wurden graphisch dargestellt.

Die Auswertung ergab, dass die untersuchten Probanden größere Schwierigkeiten hatten, das Gleichgewicht auf dem Laufband zu halten, als im Vergleich zur Gangstrecke. Diese Arbeit hat ergeben, dass sich die Gangparameter, mit Ausnahme der zur Gewährleistung des Gleichgewichts, beim erzwungen Gang auf dem Laufband nicht nennenswert ändern. Ein weiteres Resultat ist, dass die Wiederholgenauigkeit der Bewegungen auf dem Laufband von Proband zu Proband stark variiert.

Im Rahmen dieser Arbeit wurden nur die Änderungen der Gangparameter und deren Wiederholgenauigkeit beim Gang auf dem Laufband berücksichtigt. Für eine genauere Analyse des Gangbildes auf dem Laufband müssen weitere Studien gemacht werden, in denen zusätzliche Kriterien wie die Winkelverläufe der Marker zueinander und die Druckverteilung der Füße mitberücksichtigt werden.

7. Literatur

[1] Raab, Dominik: *Instrumentelle Bewegungsanalyse*. Skriptum, Universität Duisburg-Essen, Lehrstuhl für Mechanik und Robotik, 2013

[2] Schippers, Maria: *Prospektive Vergleichsstudie bei Patienten mit Coxarthrose vor und nach Implantation unterschiedlicher Hüftendoprothesenschäfte mittels instrumenteller Ganganalyse*. Dissertation, Klinik und Poliklinik für Orthopädie und Orthopädische Chirurgie, Medizinischen Fakultät der Ernst-Moritz-Arndt-Universität Greifswald, 2010

[3] Caspers, Lennart: *Methode zur quantitativen Bewertung von femoroacetabulärem Impingement*. Bachelorarbeit, Universität Duisburg-Essen, Lehrstuhl für Mechanik und Robotik, 2013

[4] Amelung, Peter: *Funktionelle Schmerztherapie des Bewegungssystems: Apparative Funktionsdiagnostik*, 2.Auflage Springer, 2012 – ISBN 978-3-642-20576-7

[5] C3Dserver: URL http://www.c3dserver.com/ - 22.9.2014

[6] MATLAB Compiler Runtime (MCR):
URL http://de.mathworks.com/products/compiler/mcr/ - 20.9.2014

[7] Plug-In Gait: Manual
URL http://wweb.uta.edu/faculty/ricard/Classes/KINE-5350/PIGManualver1.pdf – 12.12.2014

[8] Biomechanik: URL
http://de.wikipedia.org/wiki/Biomechanik#Messmethoden – 19.9.2014

[9] Medianebene: URL http://de.academic.ru/dic.nsf/dewiki/937761 –
14.12.2014

Anhang 1: Umrechnung der Markertrajektorien auf PIG - Normalform

Umrechnung der Markertrajektorien auf PIG-Normalform

1. Berechnung welche Strecke das Laufband pro Frame zurücklegt

$$\text{mmProFrame} = \dfrac{\text{treadmillspeed}\left[\frac{m}{s}\right]}{\text{cameraRate}\left[\frac{1}{s}\right]} \cdot 1000\left[\frac{mm}{m}\right]$$

cameraRate [Hz]

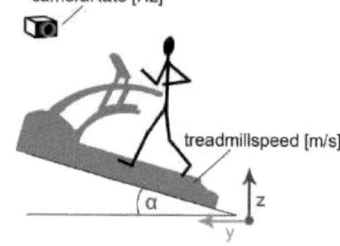

2. Berechnung welche Strecke das Laufband pro Frame in y- und z-Richtung zurücklegt

$$\text{mmProFrameY} = \text{mmProFrame} \cdot \cos(\alpha)$$
$$\text{mmProFrameZ} = \text{mmProFrame} \cdot \sin(\alpha)$$

treadmillspeed [m/s]

3. Berechnung der zurückgelegten Strecke für jeden Frame

$$\text{mmProFrameYkomuliert} = \text{mmProFrameY} \cdot [0:1:\text{anzahlFrames} -1]'$$
$$\text{mmProFrameZkomuliert} = \text{mmProFrameZ} \cdot [0:1:\text{anzahlFrames} -1]'$$

4. Umrechnung der Trajektorien für alle Marker

$$\text{markerPosYumgerechnet} = \text{markerPosYgemessen} + \text{mmProFrameYkomuliert}$$
$$\text{markerPosZumgerechnet} = \text{markerPosZgemessen} + \text{mmProFrameZkomuliert}$$

Quelle:

D. Raab. *Methode zur Auswertung von Ganganalysen auf Laufbändern mit dem Plug-in Gait Model*, 9. GAMMA-Tagung, 4.-5. Mai 2012, St.Gallen (Schweiz)

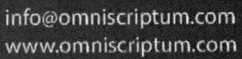